Inhalt:

FORSCHUNGSBERICHT DES LANDES NORDRHEIN-WESTFALEN

Nr. 2669/Fachgruppe Elektrotechnik/Optik

Herausgegeben im Auftrage des Ministerpräsidenten Heinz Kühn
vom Minister für Wissenschaft und Forschung Johannes Rau

Fachhochschullehrer Prof. Dipl.-Ing. Arnulf Winkler
Gesamthochschule Essen
Fachbereich 13, Studiengang Elektrische Energietechnik

Fehlerabschätzung bei der meßtechnischen Bestimmung von Kurzschlußströmen in Starkstromnetzen, insbesondere durch Messung der Netzimpedanzen bei Berücksichtigung deren Phasenwinkel sowie ggf. vorhandener komplexer Netzbelastungen

WESTDEUTSCHER VERLAG 1977

CIP-Kurztitelaufnahme der Deutschen Bibliothek

Winkler, Arnulf
Fehlerabschätzung bei der messtechnischen Bestimmung von Kurzschlussströmen in Starkstrom-
netzen, insbesondere durch Messung der Netzimpedanzen bei Berücksichtigung deren Phasenwinkel sowie ggf. vorhandener komplexer Netzbelastungen. - 1. Aufl. - Opladen: Westdeutscher
Verlag, 1977.

  (Forschungsberichte des Landes Nordrhein-
  Westfalen; Nr. 2669 : Fachgruppe Elektro-
  technik/Optik)
  ISBN-13: 978-3-531-02669-5   e-ISBN-13: 978-3-322-87840-3
  DOI: 10.1007/978-3-322-87840-3

ISBN-13: 978-3-531-02669-5

1. Zielsetzung

1.1 Abgrenzung des Themas und Definition des Begriffes "Netzimpedanz"

Die durchgeführten Untersuchungen bezogen sich ausschließlich auf
Vierleiter-Netze mit Spannungen unter 1.000 V, somit auf die in Industriebetrieben und Haushalten üblichen Endverbrauchs-Netze, vorwiegend mit der Leiterspannung 380 V und der Sternspannung 220 V.

Hinsichtlich der Definition der verschiedenen Netzimpedanzen wird
auf VDE 0102, Teil 2/11.75, Abschnitt 3.11 bis 3.13 verwiesen.
Hiernach sind Mitimpedanz, Gegenimpedanz und Nullimpedanz eines
Netzes zu unterscheiden.

Die auf dem Markt befindlichen Netzimpedanz-Meßgeräte, deren
Fehlerquellen Thema der Untersuchungen sind, messen praktisch
ausschließlich die für den einpoligen Kurzschluß maßgebliche Nullimpedanz Z_o des Netzes, die in Verbindung mit der Sternspannung
den Betrag des einpoligen Kurzschlußstromes ergibt.

Während in relativ übersichtlichen Hochspannungsnetzen eine Berechnung der Kurzschlußströme, eventuell auch eine Messung an einem
Netzmodell, entsprechend VDE 0102, Teil 1 üblich ist, ist in den
meist vermaschten, unübersichtlichen Niederspannungsnetzen eine
Messung zumindest vorteilhafter, wenn nicht sogar alleine möglich.

Im Sprachgebrauch hat sich für diese Meßgeräte der Ausdruck
"Schleifenmeßgeräte" statt "Netzimpedanzmeßgeräte" eingebürgert.
Dieser Begriff geht auf die Definition des "Schleifenwiderstandes"
nach VDE 0100/5.73, § 3 d) 12 zurück.

Zu beachten ist, daß dort der Schleifenwiderstand als reiner Wirkwiderstand R_{Sch} bezeichnet wird, der induktive Teil der Nullimpedanz wird nicht beachtet.

1.2 Bedeutung des Betrages der Netzimpedanz

Der Betrag der Netzimpedanz, gleichgültig ob es sich um die Mit-,
Gegen- oder Nullimpedanz handelt, ist in Verbindung mit der treibenden Netzspannung ein Maß für den bei einem satten Kurzschluß auftretenden Kurzschlußstrom.

Soll dieser Kurzschlußstrom mit Sicherheit zum Auslösen von Überstrom-Schutzorganen führen, so muß er Mindestwerte überschreiten,
die in Betracht kommende Netzimpedanz darf Maximalwerte nicht
überschreiten. Diese Forderung gilt z.B. für die Auswahl der Leitungsschutzorgane nach VDE 0100 § 41.

Die wichtigste Forderung nach kleinen Netzimpedanzen, und hierbei handelt es sich immer um die Nullimpedanz, enthält die erste Nullungsbedingung nach VDE 0100 § 10 b) 1. Danach muß zur Vermeidung von unzulässig hohen Berührungsspannungen bei einem satten Körperschluß ein Strom zum Fließen kommen, der den Abschaltstrom der vorgeschalteten Sicherung überschreitet. In Verbindung mit VDE 0100 g/7.76 ist jeder Elektroinstallateur verpflichtet, nach der Errichtung, nach einer Änderung oder nach Reparatur einer elektrischen Anlage, in der die Schutzmaßnahme Nullung angewendet wird, durch eine Messung den Nachweis zu erbringen, daß die Netzimpedanz klein genug ist bzw. daß genügend hohe Kurzschlußströme zum Fließen kommen. In dieser von jedem Elektroinstallateur immer wieder zu erfüllende Forderung liegt die große wirtschaftliche Bedeutung einer mit geringem Zeitaufwand und ohne Spezialkenntnisse durchführbaren Messung. Aufgabe der Untersuchung war es daher, in erster Linie die bei diesen vereinfachten Meßeinrichtungen auftretenden Fehler abzuschätzen, damit dem Elektroinstallateur bzw. den Herstellern derartiger "Schleifenmeßgeräte" eine Richtlinie zur Hand gegeben werden konnte, mit der die bei der Messung möglichen Fehler zumindest abgeschätzt werden können.

Die Einhaltung kleiner Impedanzwerte wird außerdem erwünscht, damit die in den Netzen durch Belastung auftretenden Spannungsabfälle möglichst gering sind. Durch Messungen wird in Endverbrauchsnetzen festgestellt, ob zusätzliche Verbraucher ohne zu große Spannungsabsenkungen angeschlossen werden können. Hierbei sind sowohl die Mitimpedanz als auch bei einphasigen Lasten die Nullimpedanz zu bestimmen.

Der Nachweis, daß Mindestwerte dieser Netzimpedanz nicht unterschritten werden, ist zur Beurteilung der dynamischen und thermischen Beanspruchung von Anlagenteilen im Kurzschlußfall bzw. zur Bemessung der Abschalteinrichtungen erforderlich.

1.3 Grundsätzliches zur Messung von Netzimpedanzen

Die meßtechnische Aufgabe bei der Bestimmung von Netzimpedanzen ist im Prinzip: Messung eines passiven komplexen Widerstandes nach Betrag und Phase. Die Komplikation besteht nun darin, daß die Anschlußpunkte dieses passiven Zweipoles nicht direkt zugänglich sind, sondern daß zwangsweise in Reihe mit diesem eine Urspannung, die Generatorspannung, vorhanden ist. Einfache Brückenverfahren mit kleinen Speisespannungen, Strom-Spannungsmessung und ähnliche Verfahren scheiden daher als Meßmethoden aus. Abgesehen von einigen, recht aufwendigen, für Einzelfälle anwendbaren

Brückenverfahren [13] , die keinerlei Marktbedeutung haben, beruhen die auf dem Markt befindlichen Schleifenmeßgeräte auf der
Methode, die Spannungsabsenkung des Netzes bei Belastung zu
messen. Bis auf eine, nur kurzzeitig gefertigte Ausfertigung nach
Dr. Vierfuß [27,15] belasten alle anderen auf dem Markt befindlichen Geräte das Netz mit einem Wirkwiderstand, sie vernachlässigen damit die Blindkomponente der Netzimpedanz. Da die Lastströme bei der Messung zudem aus Leistungsgründen und wegen der
vorgeschalteten Sicherungen auf etwa 10 A begrenzt werden müssen,
ergeben sich gegenüber der Urspannung des Netzes nur geringe
Spannungsdifferenzen. Die Bildung einer kleinen Differenz aus zwei
großen Beträgen führt dabei zwangsweise zu großen Fehlerquellen
[4, Bild 1]

Die beiden Spannungen, aus denen die Differenz zu bilden ist, werden nacheinander gemessen. Spannungsschwankungen während dieser
Messung gehen dabei mit ihrer vollen Höhe in die Differenzbildung
ein.

Während bei der rechnerischen Ermittlung der Netzimpedanzen
nach der Methode der Ersatzspannungsquelle (VDE 0102 Teil 1 und
Teil 2) Querimpedanzen, also Lastwiderstände und Netzkapazitäten,
nicht berücksichtigt werden dürfen, ergibt die Messung nach obiger
Methode grundsätzlich den Ersatzwiderstand des Netzes einschließ-
lich aller Querimpedanzen. Der so gemessene Betrag ist somit
nicht für den zu bestimmenden Kurzschlußstrom maßgeblich. Er ist
kleiner als der gesuchte Wert.

Verschiedene Meßgeräte belasten das Netz nur jeweils in einer Halb-
welle. Die Messung des dann auftretenden Scheitelwertes der Span-
nung erfolgt 1/4 Periode nach dem Einschaltmoment. Hierbei treten
Einschwingvorgänge auf, das Netz wird zudem mit einer Gleichstrom-
komponente belastet, die den vorgeschalteten Transformator vormag-
netisiert. Beides sind Fehlerquellen. [7, 9]

1.4 Zusammenfassung der Zielsetzung:

Ziel der durchgeführten Arbeiten war es somit:

> Theoretische Klärung der Fehler, die bei der Messung der
> Nullimpedanz in Niederspannungsnetzen nach der Methode der
> Netzbelastung mit einem Wirkwiderstand auftreten.
> Als Fehlerquellen werden dabei betrachtet: Meßgerätefehler -
> Induktive Komponenten der Netzimpedanz - Spannungsschwan-
> kungen - Vorbelastungen des Netzes durch Verbraucher -
> Einschwingvorgänge.

Vergleich der theoretischen Ergebnisse mit den Meßwerten
verschiedener auf dem Markt befindlicher Geräte bei Messung an genau einstellbaren und definierten Impedanzwerten
im Laboratorium

Vergleichsmessungen an möglichst vielen Netzpunkten und
Klärung der Frage, wann und wieweit die auftretenden Fehler im Rahmen der erforderlichen Genauigkeit zu berück-
sichtigen und ggf. zu korrigieren sind.

2. Verwendete Unterlagen

Neben angrenzender Literatur, den in Betracht kommenden VDE-
Bestimmungen und einigen, zum Teil während der Untersuchung
veröffentlichten Aufsätzen über Brücken-Meßverfahren [13, 14]
wurden folgende Veröffentlichungen im engeren Sinne als Grund-
lagen für die Untersuchungen verwendet:

Vierfuß, H.: Beiträge zur Messung der Impedanzen von
              Niederspannungsnetzen
              Dissertation bei Prof. P. Denzel,
              TH Aachen, 1965

In dieser Dissertation werden die in 1.3 angegebenen Fehermög-
lichkeiten bereits weitgehend behandelt, allerdings ausschließlich
im Hinblick und Bezug auf ein von Dr. Vierfuß entwickeltes Impedanzmeßgerät. Dieses belastet das Netz für die Messung mit
einem komplexen Widerstand, dessen Phasenwinkel dem der Netzimpedanz weitgehend angepaßt wird. Das Gerät arbeitet mit einer
Halbwellen-Belastung. Die hierdurch entstehenden Probleme sind
ebenfalls in der Dissertation kurz behandelt. Ein nach dieser
Dissertation von der Firma Felten & Guilleaume gebautes Prüfgerät wurde für diese Arbeiten von der RWE Hauptverwaltung zur
Verfügung gestellt. Es wurde zunächst als "Meßnormal" verwendet, bis sich zu unserem Bedauern durch Vergleiche an festen
Eichpunkten herausstellte, daß auch dieses große, schwere Prüfgerät mit erheblichen Meßfehlern belastet war. [16]

Freytag, K. H.: Meßfehler bei der Schleifenwiderstandsmessung
                 in Niederspannungsnetzen
                 Elektrie, Heft 9, 1967

In diesem Aufsatz werden insbesondere die Meßfehler durch Netzinduktivitäten behandelt. Die Ergebnisse gehen jedoch nicht über
die inzwischen selbst veröffentlicheten Beiträge hinaus.

Klein, D.:   Prinzipbedingte Meßfehler bei der Schleifenwider-
              standsmessung in Niederspannungsnetzen
              Elektroanzeiger, Heft 8, 1970

Die Ausführungen von Klein beziehen sich ausschließlich auf das
von der Firma Zettler gebaute Prüfgerät. Herr Klein zeigt, daß
die durch die Netzvorbelastung entstehenden Meßfehler normaler
Schleifenmeßgeräte bei diesem Prüfgerät nicht vorhanden sind,
wenn man die Meßergebnisse nicht auf die Netzimpedanz, sondern
auf den zum Fließen kommenden Kurzschlußstrom bezieht.

VDEW   Bericht des Arbeitskomittées "Thyristor-
             Steuerung" 1971

Mit den aufkommenden Thyristor-Steuerungen entsteht für die
Energieversorgungsunternehmen das Problem, daß durch die
nicht mehr sinusförmigen Lastströme Verzerrungen der Netzspannung hervorgerufen werden. Die Größe dieser Verzerrungen ist
vom Betrage der jeweiligen Netzimpedanz abhängig. Es wurden
daher im wesentlichen rechnerisch umfangreiche statistische Unterlagen über die in den Versorgungsnetzen vorhandenen Netzimpedanzen und die durch Thyristor-Steuerungen hervorgerufenen Spannungsverzerrungen erarbeitet. Vergleiche mit Messungen wurden meines
Wissens nur vom Badenwerk ebenfalls mit dem Prüfgerät nach
Dr. Vierfuß durchgeführt. Auch hierbei wurde festgestellt, daß dieses Prüfgerät entgegen den Ausführungen von Herrn Dr. Vierfuß
mit erheblichen Meßfehlern belastet ist.

3. Überblick über die Veröffentlichungen und Berichte, die im Verlaufe
    der Untersuchungen angefertigt wurden:

3.1 Winkler, A.:   Die Prüfung der Schutzmaßnahme Nullung
                   Elektrotechnik Nr. 31, 1962

In diesem Aufsatz wurden die wesentlichen Fehlerkurven angegeben,
die sich einmal durch Reibungsfehler der Meßinstrumente und zum
anderen durch die induktiven Komponenten der Nullimpedanz ergeben.
(Bilder 1 bis 3). Zur Abschätzung des Fehlers durch Netzinduktivitäten wurde hier folgende Formel gewonnen:

$$f_{ind} = -100 \, (1 - \cos \varphi_{Sch})$$

Das bedeutet, daß der Fehler durch die Netzinduktivitäten immer
einen zu kleinen Schleifenwiderstand angibt, damit im Hinblick auf
die Schutzmaßnahme Nullung auf der ungünstigsten Seite liegt. Der
maximal mögliche Fehler ist dabei nur noch von dem Cosinus des
Netzimpedanzwinkels abhängig. Dieser Fehler nach obiger Formel
ist allerdings nur als Grenzwert zu betrachten, wenn der bei der

Messung verwendete Prüfwiderstand sehr groß wird, der Prüfstrom,
aus welchen Gründen auch immer, klein gemacht wird.

3.2 Bendler, H. und   Fehlerbetrachtung bei der Prüfung der Schutz-
    Ruske, H.B.:   maßnahme Nullung
                           Studienarbeit an der Staatlichen Ingenieur-
                           schule für Maschinenwesen, Essen, 1970
                           (54 S.)

In dieser Studienarbeit wurden die von mir 1962 bereits veröffentlichten Ergebnisse durch umfangreiche Berechnung bestätigt und er-
weitert.

3.3 Adermann H.J. und   Beitrag zur Messung von Netzimpedanzen
    Fröhlich, H.J.   durch Messung der Spannungsabsenkung bei
                           Belastung durch eine Resistanz
                           Graduierungsarbeit an der Fachhochschule
                           Essen, 1972 (125 S.)

Während die bisherigen Arbeiten noch prinzipieller Natur waren,
geht diese theoretisch durchgeführte Arbeit weitgehend auf die Meßmethoden spezieller Prüfgeräte ein. Nach einer Ausweitung der bisher gewonnenen Erkenntnisse wird zusätzlich das Problem der Einschwingvorgänge mathematisch behandelt. Das sich hieraus ergeben-
de wesentliche Ergebnis bestätigt die Erkenntnis, daß bei ungünstigen Netzverhältnissen, insbesondere bei großen Netzkapazitäten, eine
Messung des Schleifenwiderstandes mit einer Halbwellenbelastung
nicht möglich ist. Die Durchrechnung verschiedenster Netzkonstellationen zeigt, daß die Ausgleichsvorgänge keineswegs innerhalb von
5 ms, also in einer Viertelperiode, abgeklungen sind.

3.4 Jendroschka, J. und   Meßtechnischer Nachweis der in der Litera-
    Scheerer, H.   tur angegebenen, theoretisch berechneten
                           Fehler bei der Messung von Netzimpedanzen
                           mit Hilfe einer Netzbelastung und Messung
                           der Spannungsabsenkung.
                           Graduierungsarbeit an der Gesamthochschule
                           Essen, Fachbereich Elektrotechnik 1974
                           (161 S.)

Im Verlaufe dieser Arbeit wurde zunächst innerhalb der Gesamthochschule ein sehr genau definierter Meßpunkt festgelegt, bei dem
nach verschiedensten Methoden Betrag und Winkel der Netzimpedanz
gemessen wurden. Sodann konnte mit Hilfe von Wirkwiderständen
und Luftinduktivitäten eine beliebige Netzimpedanz nachgebildet
werden.

Die in der Arbeit von Adermann/Fröhlich theoretisch vorhergesagten
Fehler wurden nun durch Eichungen verschiedener Meßgeräte verifi-
ziert. Der Einfluß von Ausgleichsvorgängen konnte allerdings hierbei noch nicht untersucht werden.

3.5 Winkler, A.:   Erläuterungen zu VDE 0413 "VDE-Bestimmungen
für Geräte zum Prüfen der Schutzmaßnahmen in
elektrischen Anlagen", Teil 3 "Schleifenwiderstands-
meßgeräte", 1974

Bei Anwendung der Schutzmaßnahme Nullung sind die Elektroinstallateure, wie bereits erläutert, verpflichtet, vor Inbetriebnahme
der Anlage die Erfüllung der ersten Nullungsbedingung durch eine
Messung der Netzimpedanz nachzuweisen. Die hierfür erforderlichen
Schleifenmeßgeräte hatten eine gewisse wirtschaftliche Bedeutung gewonnen, so daß die DKE (Deutsche Elektrotechnische Kommission)
sich 1972 entschloß, für diese Geräte Baubestimmungen zu erstellen.
Die bisher bei den Untersuchungen an der Gesamthochschule Essen
im Rahmen des Forschungsvorhabens gewonnenen Erkenntnisse, insbesondere die Ergebnisse der Untersuchungen von Jendroschka/
Scheerer, flossen voll in die Texte von VDE 0413, Teil 3 ein.
Ebenso beruhen auch die Erläuterungen zu dieser Bestimmung auf
einer Zusammenfassung aller bisher gewonnenen Erkenntnisse.

3.6 Drobel, K.E.   und   Prüfung der Netzimpedanz-Meßgeräte
    Kaprolat, A.   "Schupatest Universial" und "Zeropan A"
nach VDE 0413 Teil 3 mit Bestimmung der
für die Gebrauchsanleitung erforderlichen
Fehlerbereiche, hervorgerufen durch Netzinduktivitäten und Netzvorbelastung.
Graduierungsarbeit Gesamthochschule
Essen, Fachbereich Elektrotechnik, 1974
(196 S.)

Nach Abfassung der Texte von VDE 0413, Teil 3, Schleifenmeßgeräte, war es erforderlich, die Realisierbarkeit der Prüfbestim-
mungen zu erproben. Drobel und Kaprolat hatten die Aufgabe, die
oben angegebenen Prüfgeräte nach den Texten dieser Bestimmung
einer Prüfung zu unterziehen. Da VDE 0413 auch die Forderung
enthält, daß eventuell auftretende Einschwingvorgänge den Fehler
nicht vergrößern dürfen, wurde in dieser Arbeit auch zu diesem
Komplex Stellung genommen bzw. es wurde geprüft, ob speziell
das Gerät Zeropan, welches mit Halbwellen-Schaltung arbeitet,
durch derartige Einschwingvorgänge in seinem Fehler beeinflußt
wird. Diese Arbeit bestätigte, daß die Texte von VDE 0413 unver-
ändert belassen werden konnten. Die dort geforderten Prübestim-
mungen und Anforderungen sind mit vernünftigen Mitteln realisier-
bar.

3.7 Winkler, A.:   Forderungen an Prüfgeräte zur Überprüfung für
                      Schutzmaßnahmen unter besonderer Berücksichti-
                      gung der neuesten Fassungen von VDE 0100,
                      VDE 0701 und VDE 0413
                      HDT-Mitteilungen, Heft 311, 1973

3.8 Winkler, A.:   Die Prüfung der Schutzmaßnahmen gegen zu hohe
                      Berührungsspannungen
                      etz b 26 (1974) Heft 6 und etz a 95 (1974) Heft 3

3.9 Winkler, A.:   Genauigkeitsforderungen bei der Prüfung von
                      Schutzmaßnahmen in elektrischen Anlagen
                      Vortragsveröffentlichungen aus dem Haus der
                      Technik, Vulkan-Verlag, Heft 327, 1974

Diese angegebenen Aufsätze enthalten die bis zu dem jeweiligen
Zeitpunkt aus dem Forschungsvorhaben gewonnenen Erkenntnisse.
Sie sind zum Teil Zusammenfassungen von Vorträgen, die der Verfasser im Rahmen von VDE-Tagungen sowie Seminaren im Hause
der Technik gehalten hat.

Ziel dieser Vorträge und Veröffentlichungen war es in erster Linie,
einem größeren Kreis die tatsächlich bei der Messung von Netzimpedanzen auftretenden Fehler zu erläutern. Dieses war und ist auch
heute noch erforderlich, da häufig nicht zu erfüllende Genauigkeitsforderungen an die Elektroinstallateure herangetragen werden. So
mußte auch Verständnis dafür geweckt werden, daß in der VDE-Be-
stimmung für derartige Schleifenmeßgeräte Fehlergrenzen von 30 %
zugelassen werden, wobei einige vom Netz selbst herrührende Fehlerquellen, z. B. Netzinduktivitäten, noch nicht berücksichtig worden
sind.

3.10 Lenke, U.   Messung und Berechnung von Netzimpedanzen
                     Untersuchungsbericht Gesamthochschule Essen,
                     Fachbereich Elektrotechnik, 1976 (37 S.)

Alle bisher theoretisch berechneten oder im Labor experimentell
nachgewiesenen Fehlermöglichkeiten sowie auch die herangezogenen
Literaturstellen gehen von der Voraussetzung aus, daß die Daten der
Netze, insbesondere der Netzimpedanzwinkel, bekannt sind. Bei der
praktischen Anwendung der Schleifenmeßgeräte ist dieser Winkel jedoch gerade unbekannt. Der Elektromeister, der bei der Schutzmaßnahme Nullung den Schleifenwiderstand zu messen hat, hat keine Mög-
lichkeit, ihn zu bestimmen. Die theoretisch berechneten und im Labor
praktisch nachgewiesenen Meßfehler gerade durch Netzinduktivitäten
können jedoch beträchtliche Werte haben. Hierbei ist negativ, daß
diese Fehler ein zu gutes Netz vortäuschen.

Nach der theoretischen Behandlung und der praktischen Bearbeitung
im Labor mußte in der dritten Stufe dieses Forschungsvorhabens
durch möglichst viele Messungen in Netzen ermittelt werden, wieweit die theoretisch und im Labor festgestellten Fehlerquellen tatsächlich bei der praktischen Anwendung der Prüfgeräte in den
Netzen von Bedeutung sind. Mit der Durchführung dieser Messung
wurde Herr Ing. (grad.) U. Lenke im Rahmen des Forschungsvorhabens beauftragt. Der Bericht gibt eine Zusammenfassung seiner
Arbeiten.

4. Durchführung von Vergleichsmessungen

4.1 Auswahl der Meßverfahren

Wie oben erläutert, setzen alle Fehlerbetrachtungen die Kenntnisse
des Netzimpedanzwinkels voraus. Die Messungen sollten zu einem
Überblick führen, mit welchen Winkeln an unterschiedlichen Meßpunkten zu rechnen ist. Es wurde ein spezielles Prüfprotokoll ent-
wickelt, in dem von jedem einzelnen Meßpunkt alle relevanten Parameter, wie Trafoleistung, Schaltungsaufbau, Leitungsart und Lei-
tungslänge usw. festgehalten wurden. Die Messungen selbst erfolgten
mit dem vom RWE zur Verfügung gestellten Impedanzmeßgerät der
Firma Felten und Guilleaume nach Dr. Vierfuß. Laut Bedienungsanweisung und Beschreibung sollte es mit diesem Gerät möglich sein,
Wirk- und Blindkomponente der jeweiligen Netzimpedanz mit großer
Genauigkeit zu bestimmen [15] . Vergleichsweise wurden jeweils
mit verschiedenen bei Elektroinstallateuren üblichen Geräten, insbesondere mit dem Schupa-Test Universal der Firma Schupa, Schalks-
mühle, und dem in Halbwellenschaltung arbeitenden Zeropan der
Firma Gossen, Vergleichsmessungen durchgeführt.

4.2 Auswahl der Meßpunkte

Bei der Auswahl der Meßpunkte mußten zwei wesentliche Gesichts-
punkte berücksichtigt werden. Einmal sollte es möglich sein, die
Messungen mit berechneten Werten zu vergleichen. Zum anderen
sollten die Meßpunkte weitgehend relevant für die von Elektroinstall-
lateuren durchzuführenden Messungen in Industriebetrieben und Haushalten sein.

Die erste Forderung führte zu Meßpunkten in Netzen der Energiever-
sorgungsunternehmen. Hier wurden sowohl Meßpunkte an den Ausläu-
fern von verkabelten Netzen und von Freileitungsnetzen ausgesucht.
Diese Messungen wurden von Seiten des RWE, Betriebsverwaltung
Essen, und auch von verschiedenen Stadtwerken der umliegenden
Städte unterstützt und gefördert.

Zur Erfüllung der zweiten Forderung wurden ca. 150 Industrie-
betriebe um die Genehmigung zur Durchführung von Messungen
angeschrieben, von denen etwa 45 diese Genehmigung erteilten.
In diesen Betrieben, die weitgehend Hochspannungseinspeisungen
besaßen, wurden dann Messungen in Transformatornähe und an
vom Transformator möglichst weit entfernten Punkten durchgeführt.

4.3 Zur statistischen Verteilung von Netzimpedanzen

Über die statistische Verteilung von Netzimpedanzen lag für die
Arbeiten der VDE-Bericht "Thyristorsteuerung" vor [16] . Er
dient in erster Linie zur Klärung der Frage, wieweit nicht mehr
sinusförmige Netzbelastungen im Netz zu Spannungsverzerrungen
führen. Wie bereits oben angegeben, spielen hierbei die Netzimpedanzen eine wesentliche Rolle. Um zu einer derartigen statisti-
schen Verteilung im Niederspannungsnetz zu kommen, wurden aus
6 Größenklassen von Gemeinden, auf die sich nach dem statisti-
schen Jahrbuch die Bevölkerung des Bundesgebietes nahezu gleich-
mäßig verteilt, jeweils mehrere hundert Abnehmer untersucht. In
jeder Größenklasse wurden dabei die erfaßten Abnehmer aus verschiedenen Ortsnetzen ausgewählt, wobei soweit möglich, verschiedene Siedlungsstrukturen und verschiedene Ortsnetzarten berücksichtigt wurden.

Die fast ausschließlich durch Berechnung ermittelten Netzimpedanzen betreffen jedoch nur die Verteilungsnetze selbst. Es
wurde davon ausgegangen, daß ein Verbraucher mit nicht sinus-
förmiger Belastung den Nachbarverbraucher nicht stören darf.
Wieweit Spannungsverluste innerhalb der Verbraucheranlage
selbst auftreten, ist für diese Betrachtungsweise nicht von Bedeutung. Im Gegensatz dazu müssen bei der Betrachtung der
Nullungsbedingungen auch die Impedanzwerte innerhalb der Verbraucheranlage erfaßt werden.

Im Rahmen dieser Untersuchungen führte das Badenwerk auch
Messungen durch, deren Ergebnisse mit denen der Berechnungen verglichen wurden. In dem Bericht wird ausdrücklich auf
die bei diesen Messungen auftretenden Schwierigkeiten hinge-
wiesen. Rückfragen von uns haben ergeben, daß auch diese Messungen mit dem Prüfgerät nach Dr. Vierfuß durchgeführt wurden,
wobei auch hier sehr große Fehler bei der Bestimmung des
Impedanzwinkels auftraten.

Einen Überblick über die berechneten Verteilungen der Anschluß-
impedanzen, also ohne die in der Anlagen selbst vorhandenen

Widerstandswerte, zeigt Bild 4. Aus ihm ist zu ersehen, daß die
Beträge von Wirk- und Blindanteil bei größer werdenden Gemeinden
kleiner werden. Das ist entsprechend den relativ kürzeren Leitungs-
längen und der größeren Netzdichte innerhalb von größeren Städten
verständlich.

Interessanter ist jedoch, daß die induktiven Anteile der Netzimpedanzen nur bei kleinen Beträgen der Netzimpedanz eine Bedeutung
haben. Treten höhere Widerstände im Netz auf, so ist der Blindanteil der Netzimpedanz, es handelt sich immer um Niederspannungs-
netze, zu vernachlässigen.

Bedenkt man nun ferner, daß innerhalb der Verbraucheranlagen induktive Komponenten praktisch nicht vorhanden sind, so kann man generell
sagen, daß bei Impedanzwerten von Beträgen über etwa 0,5 Ohm, in
größeren Städten ab etwa 0,2 Ohm, eine Vernachlässigung der induktiven Anteile erfolgen kann.

Die in Bild 4 entsprechend dem VDEW-Bericht angegebenen Werte beziehen sich auf die Beträge von Hin- und Rückleitung. Nach Berechnungen und Untersuchungen des Badenwerkes aus dem Jahre 1970 kann
die Nullimpedanz sowohl für den Blindanteil 20 % kleiner als diese
Impedanz für Hin- und Rückleitung angesetzt werden. Bild 5 zeigt den
Einfluß der Hausinstallationen auf den durch die Induktivität hervorgerufenen Fehler, wenn man die Messung mit reinen Wirkwiderständen
durchführt. Als Ausgangspunkt werden hierbei zwei mittlere Anschluß-
impedanzwerte, einmal für den Anschluß über ein Kabel, zum anderen
über eine Freileitung angenommen. Das Diagramm zeigt, wie schnell
die möglichen Fehler durch Netzimpedanzen zurückgehen, wenn man die
Hausinstallationen mit einbezieht. Aus diesen Überlegungen kann generell folgende Faustformel abgeleitet werden:

> Grundsätzlich kann bei der Bestimmung des Schleifenwiderstandes
> hinsichtlich der Nullungsbedingung die induktive Komponente ver-
> nachlässigt werden, wenn innerhalb der Verbraucheranlage Lei-
> tungslängen vorliegen, deren Längen in Metern 5 mal größer ist
> als der Querschnitt in Quadratmillimetern.

Diese aus theoretischen Überlegungen zunächst gewonnenen Erkenntnisse wurden bei unseren Vergleichsmessungen innerhalb von Industriebetrieben mit eigenem Hochspannungsanschluß voll bestätigt. Wird hier
in der Nähe des Transformators gemessen, so überwiegt die Streuim-
pedanz des Transformators den Wirkanteil der Netzimpedanz. Mißt
man an den Endpunkten der Netze, die hinsichtlich der Erfüllung der
Nullungsbedingung die kritischen Punkte in der Anlage sind, so können
bei Vorliegen der obigen Faustformel die Induktivitäten der Netzimpedanz vernachlässigt werden. Das bedeutet somit, daß die vom Installa-
teur üblicherweise angewendeten Meßeinrichtungen, die das Netz nur

mit einem Wirkwiderstand belasten, hinsichtlich der Beeinflussung
durch induktive Komponenten ausreichend genau messen.

4.4 <u>Einfluß von Vorbelastungen</u>

Wie bereits unter 1.3 erläutert, wird bei der Messung nicht nur die
Längsimpedanz, sondern der gesamte Ersatzwiderstand aus Längs-
und Querimpedanz gemessen. Die Ersatzschaltung zeigt Bild 6. Die
gemessene Impedanz beträgt dann

$$\underline{Z}_m = \frac{\underline{Z}_v \cdot \underline{Z}_s}{\underline{Z}_v + \underline{Z}_s}$$

Unter Berücksichtigung der in 4.3 gewonnenen Erkenntnisse kann
statt $\underline{Z}_S$ der Wirkanteil R_S eingesetzt werden. Bezeichnet man ferner

$$k = \frac{|\underline{Z}|}{R_S}$$

so ergibt sich für den durch die Vorbelastung entstehenden
Fehler:

$$f = \frac{1}{\sqrt{(1 + k \cos \varphi)^2 + (k \sin \varphi)^2}}$$

Hierin ist φ der Winkel der Vorbelastung $\underline{Z}_V$.

$k = \infty$ ergibt das unbelastete Netz mit $f = 0$,
$k = 0$ bedeutet Kurzschluß.

Für einen geordneten Netzbetrieb sind k-Werte von 10 bis ∞ denkbar,
wobei $k = 10$ den größten Fehler durch Vorbelastungen ergibt. Dieser
liegt, praktisch unabhängig vom Winkel der Vorbelastung, dann unter
10 % und ist somit gegenüber den durch die Meßgeräte selbst hervorgerufenen Fehlern vernachlässigbar. Es muß jedoch betont werden, daß
dieser Fehler ebenfalls auf der ungünstigen Seite liegt, der Netzinnen-
widerstand wird zu klein gemessen und täuscht somit zu große Kurzschlußströme vor.

Die Messungen in den verschiedenen Netzen bestätigten diese Vermu-
tungen. Es ergaben sich keinerlei Hinweise, daß Netzvorbelastungen
wesentlich in die Messungen eingehen. (k = 10 würde einen Spannungs-
abfall im Netz von 10 % bedeuten. Damit ist aber ein geordneter Be-
trieb kaum noch denkbar.)

Für den Fall, daß die induktiven Komponenten der Netzimpedanz nicht
vernachlässigt werden können, verändert sich durch Netzvorbelastungen
die in Bild 2 gezeigte maximal mögliche Fehlerkurve entsprechend
Bild 7. Sie stimmt für $\cos \varphi = 1$ mit den oben gemachten Angaben
überein.

4.5 Einfluß von Ausgleichsvorgängen

Die in der Arbeit von Adermann/Fröhlich [9] theoretisch berechneten
Fehler durch Ausgleichsvorgänge führen dann zu kritischen Werten,
wenn die Querimpedanz im Netz kapazitiv und die Längsimpedanz in-
duktiv sind. Eine kapazitive Querimpedanz könnte z.B. in einem Ka-
belnetz auftreten oder dann, wenn eine Überkompensation in der Anlage erfolgt. In beiden Fällen kann aber die induktive Komponente
der Längsimpedanz vernachlässigt werden. Außerdem sind die durch
Querkapazitäten in Verbindung mit der Längsimpedanz auftretenden
k-Werte so groß, daß sie z.B. bei der Berechnung des Fehlers durch
Vorbelastung nicht von Bedeutung sind.

Die Vergleichsmessungen zwischen einem in Vollwellenschaltung arbeitenden Prüfgerät und einem solchen in Halbwellenschaltung an den verschiedensten Meßpunkten an Netzen und in Betrieben haben keinen sy-
stematischen Fehler zwischen diesen beiden Meßmethoden nachgewiesen.
Die im Labor konstruierten Netzkonstellationen, induktive Längsimpedanz und kapazitive Querimpedanz, traten allerdings auch bei allen
diesen Meßpunkten nicht auf.

5. Zusammenfassung und Konsequenzen für die praktische Anwendung

5.1 Fehler durch Netzinduktivitäten

Bei der Überprüfung der ersten Nullungsbedingung durch Belastung
des Netzes mit einem Wirkwiderstand kann der Einfluß der Netzin-
duktivität vernachlässigt werden, wenn

> am Hausanschluß der Betrag der Netzimpedanz größer als
> etwa 0,3 Ohm ist
> oder vor der Meßstelle induktionsfreie Leitungen (Kabel,
> Stegleitungen und ähnliches) von einer größeren Länge in
> Metern als dem fünffachen des Leitungsquerschnittes in
> Quadratmillimetern vorhanden sind.

5.2 Fehler durch Netzvorbelastungen

Ist eine einphasige Belastung des Netzes bis zur Nennstromstärke
der vorgeschalteten Sicherung bei Spannungsabfällen unter 10 % möglich, so kann auf den Einfluß von Netzvorbelastungen verzichtet werden.
(Ist diese Belastung nicht möglich, kann die Schutzmaßnahme Nullung
auch nicht angewendet werden.)

<u>5.3 Sonstige Fehler</u>

Werden von einem Schleifenmeßgerät die in VDE 0413 Teil 3 unter
den angegebenen Bedingungen geforderten Fehlergrenzen eingehalten
($\pm$ 30 %) so können die vom Netz beeinflußten Fehler unter den 5.1
und 5.2 angegebenen Bedingungen vernachlässigt werden.

Aus betriebstechnischen Gründen ist in Verbraucheranlagen die Netzimpedanz üblicherweise wesentlich kleiner als der für die erste Nullungsbedingung maximal zulässige Wert. Werden mit Meßgeräten nach
VDE 0413 Teil 3 Werte ermittelt, die kleiner als 50 % bis 70 % des
nach der ersten Nullungsbedingung zulässigen Wertes sind, ist der
Nachweis der Erfüllung dieser Nullungsbedingung erbracht.

<u>5.4 Schlußbetrachtung</u>

Die durchgeführten Berechnungen, Eichungen und Vergleichsmessun-
gen beseitigen damit eine durch Aufsätze und Vorträge verschiedener
Verfasser hervorgerufene Unsicherheit für den mit handelsüblichen
Geräten in Verbraucheranlagen Messenden.

Für Messungen in Verteilernetzen, insbesondere in Freileitungsnetzen, gelten diese Konsequenzen nicht. Hier muß ggf. mit großem
Aufwand und kritischer Betrachtung der Fehlermöglichkeiten gemessen
werden. Die Unterlagen auch hierfür wurden im Rahmen dieser Arbeiten vervollständigt und können im Bedarfsfalle eingesehen oder erfragt
werden. (s. Abschnitt 3)

Literatur

1   Schrank, W.   Schutz gegen Berührungsspannungen,
                                     Springer-Verlag 1958

2   Schwenkhagen, H.F. und   Gefahrenschutz in Elektrischen Anlagen
    Schnell, P.   Giradet 1957

3   Müller, R.   Schutzmaßnahmen gegen zu hohe Berüh-
                                     rungsspannungen in Niederspannungsan-
                                     lagen
                                     VEB -Verlag Technik, Berlin 1967

4   Winkler, A.   Die Prüfung der Schutzmaßnahme Nullung
                                     Elektrotechnik 1962, Heft 31

5   Freytag, K.H.   Meßfehler bei der Schleifenwiderstands-
                                     messung in den Niederspannungsnetzen,
                                     Elektrie 1967, Heft 9

6   Klein, D.   Prinzipbedingte Meßfehler bei der
                                     Schleifenwiderstandsmessung in
                                     Niederspannungsnetzen
                                     Elektroanzeiger 1970, Heft 8

7   Vierfuß, H.   Beiträge zur Messung von Impedanzen
                                     von Niederspannungsnetzen, Dissertation
                                     bei Prof. P. Denzel, TH Aachen, 1965

8   Bendler, H. und   Fehlerbetrachtung bei der Prüfung der
    Ruske,   H.W.   Schutzmaßnahme Nullung
                                     Studienarbeit Ingenieurschule für
                                     Maschinenwesen Essen 1970

9   Adermann, H.J. und   Beitrag zur Messung von Netzimpedanzen
    Fröhlich, H.J.   durch Messung der Spannungsabsenkung
                                     bei Belastung durch eine Resistanz
                                     Graduierungsarbeit Fachhochschule Essen,
                                     1972

10 Jendroschka, J. und   Meßtechnischer Nachweis der in der
    Scheerer, H.   Literatur angegebenen, theoretisch be-
                                     rechneten Fehler bei der Messung von
                                     Netzimpedanzen mit Hilfe einer Netzbe-
                                     lastung und Messung der Spannungsab-
                                     senkung
                                     Graduierungsarbeit Gesamthochschule Essen

19

11 Drobel, K. E. und
   Kaprolat, A.

Prüfung der Netzimpedanzmeßgeräte
 Schupatest Universal und Zeropan A
nach VDE 0413 Teil 3, mit Bestimmung
der für die Gebrauchsanleitung erforderlichen Fehlerbereiche, hervorgerufen
durch Netzinduktivitäten und Netzvorbelastung
Graduierungsarbeit Gesamthochschule
Essen 1974

12 Gretsch, R. und
   Balzer, G.

Impedanzen und Kurzschlußströme in
Niederspannungsnetzen
etz a 95 (1974) Heft 6

13 Gretsch, R.

Meßgerät zur Bestimmung des Innen-
widerstandes elektrischer Energie-
versorgungsnetze
Dissertation TH Darmstadt 1971

14 Müller, F.

Messung der Netzimpedanz im Niederspannungsnetz
Der Elektroniker, Febr. 1975

15 F & G

Bedienungsanweisung und Beschreibung
zum Impedanz- und Kurzschlußstrom-
Meßgerät L.N. 904-380-01

16 VDEW

Bericht des Arbeitskomitees "Thyristor-
Steuerungen" VDEW 1971 mit Nachtrag
vom Badenwerk

17 Wenzel

Statistische Untersuchungen von Niederspannungsnetzen
Dissertation TH Aachen 1972

18 VDE 0100

Errichtung von Starkstromanlagen
bis 1000 Volt
VDE-Verlag 1973

19 VDE 0413, Teil 3

Schleifenmeßgeräte
VDE-Verlag, Entwurf 1974

20 VDE 0102, Teil 1
   und Teil 2

VDE-Leitsätze für die Berechnung der
Kurzschlußströme
VDE-Verlag 1971 und 1975

Abbildungen

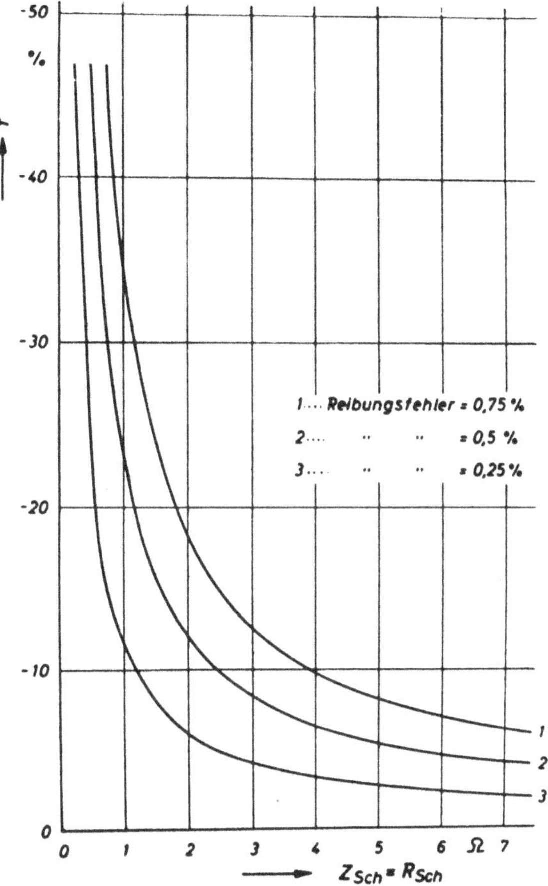

Bild 1: Meßfehler eines Schleifenmeßgerätes in Abhängigkeit vom vorhandenen Schleifenwiderstand R_{Sch} bei einer Belastung mit einem Prüfwiderstand von $R_P = 22\ \Omega$ und verschiedenen Reibungsfehlern des für die Differenzspannung verwendeten Meßgerätes

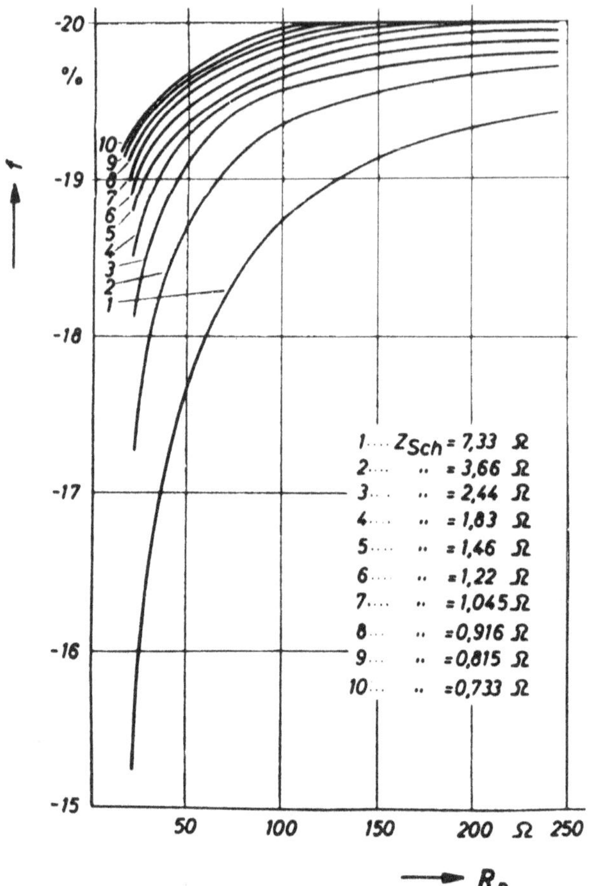

Bild 2: Maximal möglicher Fehler durch Netzinduktivitäten bei Belastung des Netzes durch einen Wirkwiderstand als Funktion des Netzimpedanzwinkels

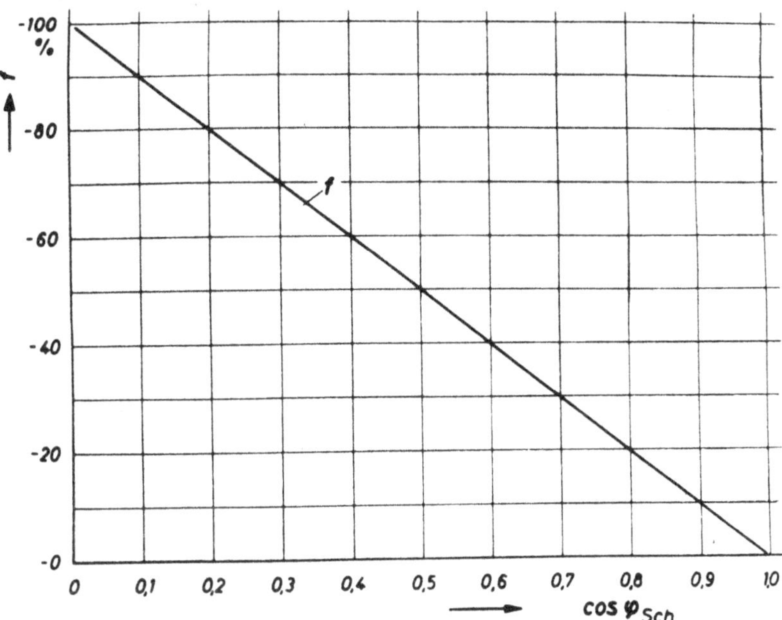

<u>Bild 3:</u> Meßfehler als Funktion des Betrages des Belastungs-
widerstandes (Wirkwiderstand) bei verschiedenen Beträgen des Schleifenwiderstandes und cos φ_{Sch} = 0,8

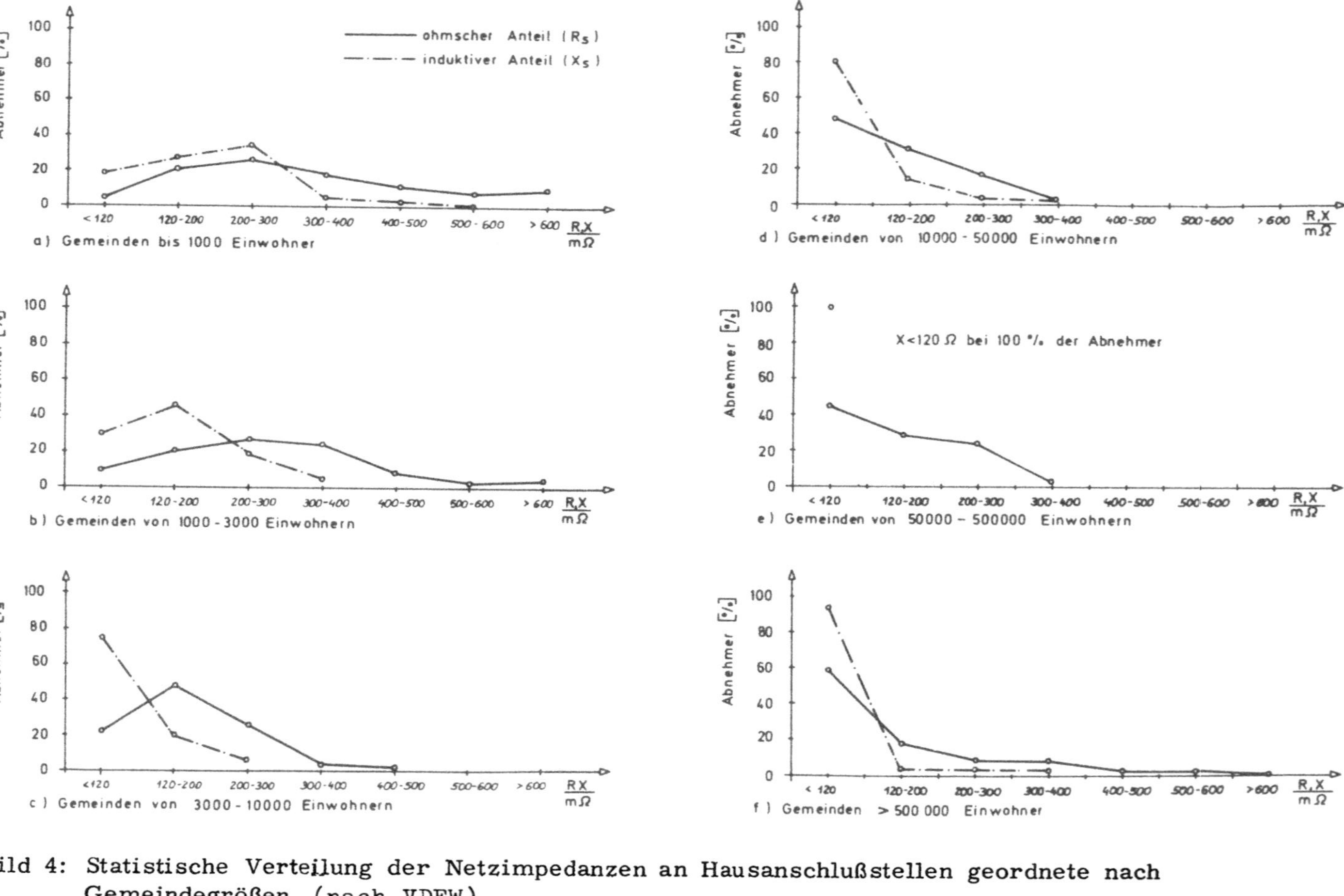

Bild 4: Statistische Verteilung der Netzimpedanzen an Hausanschlußstellen geordnete nach Gemeindegrößen (nach VDEW)

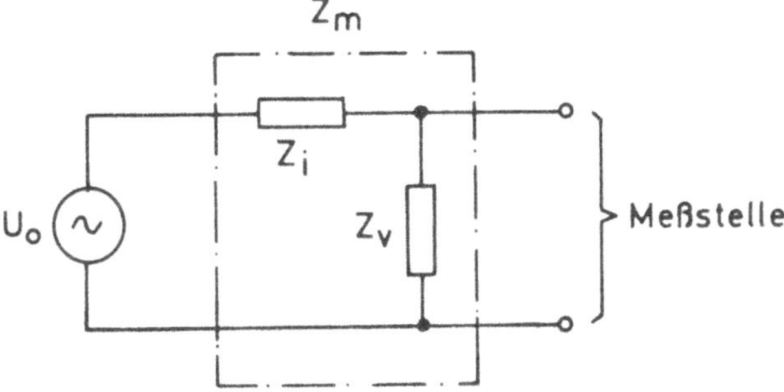

Bild 5: Verringerung des durch Netzinduktivitäten
hervorgerufenen Meßfehlers für zwei Werte
der Anschlußimpedanz als Funktion der in
der Verbraucheranlage vorhandenen Lei-
tungslänge bei verschiedenen Leitungs-
querschnitten als Parameter

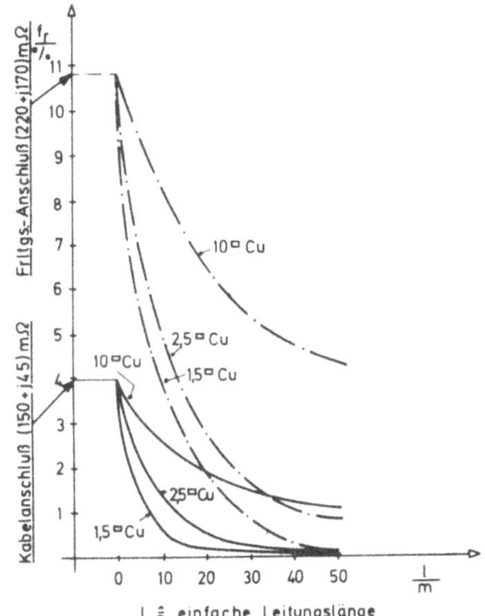

Bild 6: Ersatzschaltung für den bei der Messung
erfaßten Wert bestehend aus Längs- und
Qerimpedanz

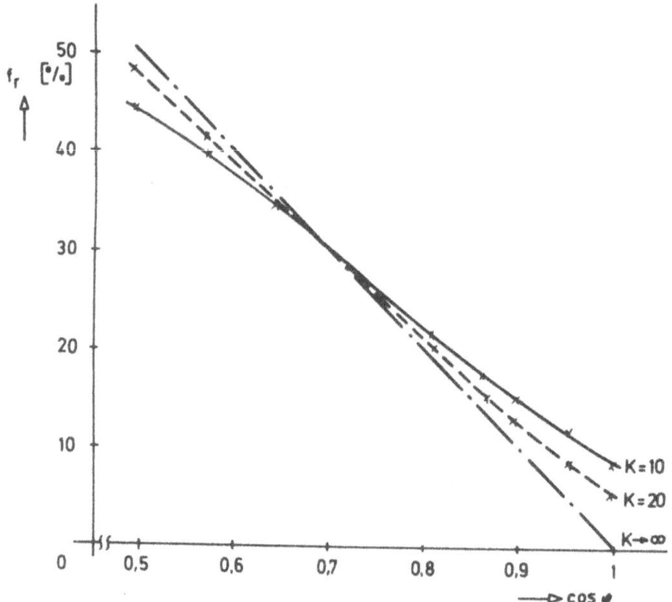

Bild 7: Einfluß der Vorbelastung eines Netzes auf den durch Netzinduktivitäten maximal möglichen Fehler entsprechend Bild 2 (k ist das Verhältnis von Querimpedanz zu Längsimpedanz)

FORSCHUNGSBERICHTE
des Landes Nordrhein-Westfalen

Herausgegeben
im Auftrage des Ministerpräsidenten Heinz Kühn
vom Minister für Wissenschaft und Forschung Johannes Rau

Die ,,Forschungsberichte des Landes Nordrhein-Westfalen'' sind in
zwölf Fachgruppen gegliedert:

Geisteswissenschaften
Wirtschafts- und Sozialwissenschaften
Mathematik / Informatik
Physik / Chemie / Biologie
Medizin
Umwelt / Verkehr
Bau / Steine / Erden
Bergbau / Energie
Elektrotechnik / Optik
Maschinenbau / Verfahrenstechnik
Hüttenwesen / Werkstoffkunde
Textilforschung

Die Neuerscheinungen in einer Fachgruppe können im Abonnement
zum ermäßigten Serienpreis bezogen werden. Sie verpflichten sich
durch das Abonnement einer Fachgruppe nicht zur Abnahme einer
bestimmten Anzahl Neuerscheinungen, da Sie jeweils unter
Einhaltung einer Frist von 4 Wochen kündigen können.

WESTDEUTSCHER VERLAG
5090 Leverkusen 3 · Postfach 300 620

GPSR Compliance
The European Union's (EU) General Product Safety Regulation (GPSR) is a set
of rules that requires consumer products to be safe and our obligations to
ensure this.

If you have any concerns about our products, you can contact us on

ProductSafety@springernature.com

In case Publisher is established outside the EU, the EU authorized
representative is:

Springer Nature Customer Service Center GmbH
Europaplatz 3
69115 Heidelberg, Germany